IL POTERE DELL'INTELLIGENZA ARTIFICIALE

ARTIFICIALE

OPPORTUNITA' E SFIDE

Introduzione

Verso un futuro AI-driven

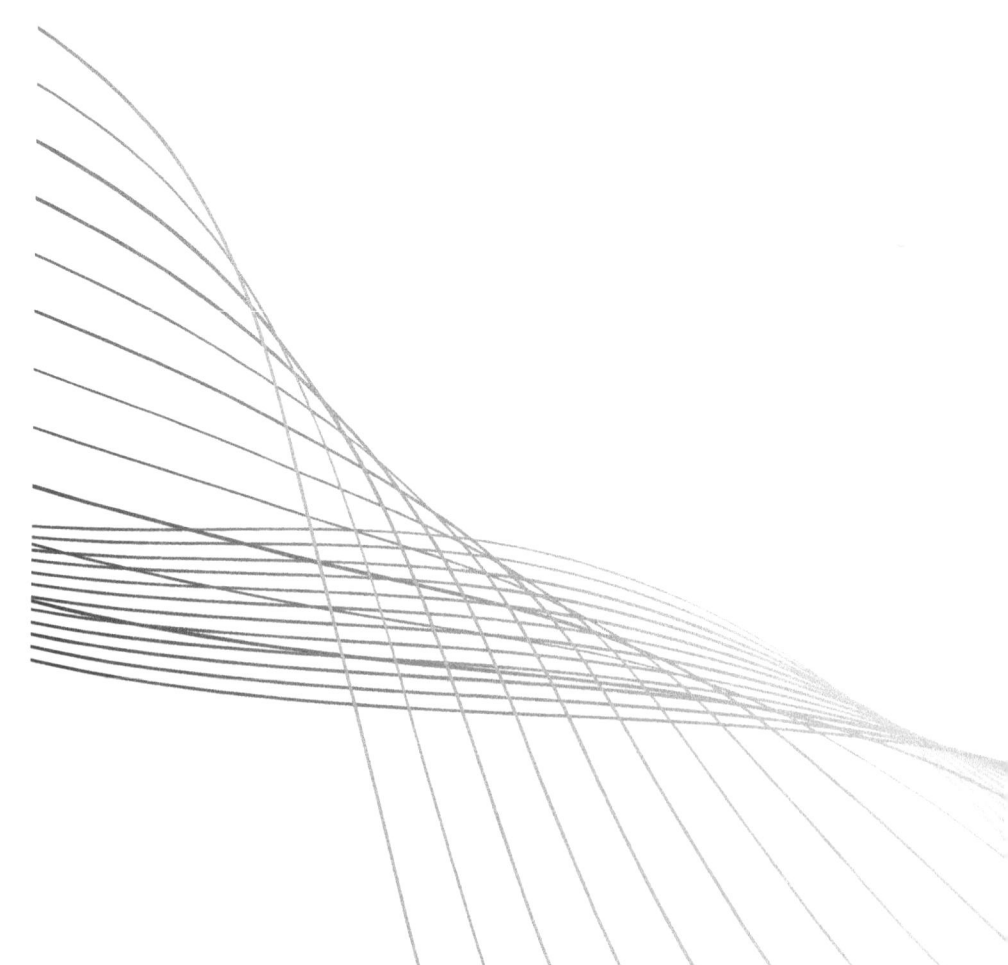

Negli ultimi decenni, l'Intelligenza Artificiale (IA) è passata dall'essere un concetto di fantascienza a una realtà concreta che permea ogni aspetto delle nostre vite quotidiane. Dalle applicazioni sugli smartphone ai veicoli a guida autonoma, dalle diagnosi mediche alle esperienze di intrattenimento, l'IA sta rivoluzionando il nostro modo di lavorare, vivere e persino pensare. Per i giovani di oggi, comprendere e utilizzare al meglio l'intelligenza artificiale non è solo un'opportunità, ma una necessità per restare al passo con un mondo in continua evoluzione.

Questo eBook è stato concepito pensando proprio a te: un giovane curioso, pronto a esplorare nuove tecnologie e desideroso di costruire un futuro lavorativo che sia rilevante e appagante. In un momento storico in cui il panorama lavorativo è in costante cambiamento, è fondamentale dotarsi delle competenze giuste per affrontare il domani con sicurezza.

L'Intelligenza Artificiale non è solo una delle tecnologie emergenti più importanti del nostro tempo, ma anche uno strumento capace di potenziare le tue abilità, migliorare la tua produttività e aprire innumerevoli opportunità in ogni settore immaginabile.

Attraverso le pagine di questo eBook, esploreremo l'impatto dell'IA in settori chiave come la sanità, la finanza, l'industria creativa, il marketing, e molti altri. Ogni capitolo ti guiderà attraverso le applicazioni concrete dell'IA, mostrandoti come essa sia già parte integrante di attività quotidiane e decisioni cruciali per le aziende. Non solo comprenderai il "come" e il "perché" dell'intelligenza artificiale, ma scoprirai anche il "cosa" — ovvero le nuove opportunità che ti aspettano se saprai abbracciare queste tecnologie.

Una delle domande più frequenti che ci si pone di fronte all'avvento di una tecnologia tanto potente è: "L'IA toglierà il lavoro agli esseri umani?". La risposta a questa domanda è molto più complessa di un semplice "sì" o "no".

Mentre è vero che molte mansioni verranno automatizzate, è altrettanto vero che emergeranno nuove figure professionali, lavori e possibilità di carriera che oggi neanche immaginiamo. La chiave per avere successo in questo futuro automatizzato è prepararsi, formarsi e imparare ad usare l'intelligenza artificiale come un alleato anziché considerarla un nemico.

In questo viaggio, affronteremo anche aspetti etici e sociali legati all'intelligenza artificiale, esplorando temi quali la privacy dei dati, i rischi legati all'automazione e la possibilità di un mondo in cui gli algoritmi influenzano profondamente le nostre decisioni. Capiremo che, oltre agli aspetti tecnici, esiste una responsabilità collettiva nella creazione e nell'uso dell'IA, e questo richiede una riflessione approfondita da parte di tutti noi, soprattutto da parte delle nuove generazioni che erediteranno e miglioreranno queste tecnologie.

Questo eBook non è un manuale tecnico pieno di termini complicati e formule matematiche, ma una guida pratica per capire il potenziale delle nuove tecnologie nei vari settori e come queste possano contribuire alla tua crescita personale e professionale. Troverai esempi pratici, casi di studio reali e suggerimenti su come iniziare a costruire la tua carriera in questo campo entusiasmante. Se sei pronto a intraprendere questo viaggio, scoprirai come l'intelligenza artificiale può diventare uno strumento potente nelle tue mani, trasformando le tue idee in innovazione e le tue aspirazioni in realtà.

L'Intelligenza Artificiale non è più una scelta opzionale, è una competenza essenziale. Prepara la tua mente ad esplorare, a imparare e ad adattarsi. Questo viaggio verso un futuro AI-driven inizia qui e ora. Apri la mente, lasciati ispirare e preparati a costruire il tuo posto in questo nuovo mondo.

Capitolo 1

Le fondamenta dell'intelligenza artificiale

Algoritmi e Machine Learning

Che cosa sono gli Algoritmi?

Per comprendere l'intelligenza artificiale, è necessario partire dal concetto di "algoritmo". In termini semplici, un algoritmo è una serie di istruzioni che consentono a una macchina di svolgere un compito specifico. Potremmo paragonare un algoritmo a una ricetta di cucina: è una sequenza di passaggi che, se eseguiti correttamente, portano a un risultato desiderato.

Nel contesto dell'IA, gli algoritmi sono programmati per imparare da dati ed esperienze. Questa capacità di apprendere permette alle macchine di adattarsi e migliorare autonomamente le loro prestazioni, senza la necessità di essere riprogrammate per ogni nuovo compito. Gli algoritmi costituiscono il cuore dell'automazione intelligente che vediamo oggi in settori come la sanità, la finanza e la logistica.

Il Concetto di apprendimento automatico (Machine Learning)

Il Machine Learning (ML), o apprendimento automatico, è una delle tecniche fondamentali attraverso cui le macchine acquisiscono la capacità di "imparare". Il principio di base del Machine Learning è che, piuttosto che programmare esplicitamente ogni singolo passo, le macchine vengono fornite di grandi quantità di dati e algoritmi in grado di riconoscere modelli in questi dati.

Esistono diversi tipi di apprendimento automatico:

- **Apprendimento supervisionato:** in cui al sistema vengono forniti dati etichettati, ovvero esempi con le risposte corrette. L'obiettivo è far sì che il modello impari a predire la risposta corretta per nuovi dati simili.
- **Apprendimento non supervisionato:** in cui il sistema lavora con dati non etichettati, cercando autonomamente di trovare modelli nascosti o schemi.

- **Apprendimento per rinforzo:** in cui l'algoritmo impara tramite una serie di tentativi ed errori, ricevendo ricompense o penalità in base alle decisioni prese, molto simile al modo in cui impariamo noi esseri umani.

Esempi di applicazione di algoritmi ML

Il Machine Learning è presente in molte applicazioni che usiamo ogni giorno. Quando Netflix ti suggerisce una serie da guardare, quando Google completa automaticamente una tua ricerca o quando una banca rileva un'attività sospetta sul tuo conto, tutto ciò avviene grazie agli algoritmi di ML. In queste situazioni, l'algoritmo analizza i dati passati, impara da essi e applica ciò che ha imparato per offrire un servizio personalizzato ed efficiente.

Deep learning e reti neurali

Come funzionano le reti neurali artificiali

Il **Deep Learning** rappresenta una sottocategoria del Machine Learning e si basa su un'architettura chiamata **rete neurale artificiale.** Le reti neurali sono progettate per imitare il modo in cui funziona il cervello umano, con strati di "neuroni" che elaborano i dati.

Le reti neurali sono composte da tre strati principali:

- **Strato di input:** raccoglie i dati grezzi in ingresso.
- **Strati nascosti:** elaborano i dati attraverso una serie di calcoli complessi. È qui che avviene la "magia" dell'apprendimento profondo.
- **Strato di output:** fornisce la previsione o il risultato finale.

Ogni neurone nella rete riceve input da altri neuroni, li elabora tramite una funzione matematica, e poi invia il risultato agli altri neuroni del livello successivo. Più sono numerosi gli strati nascosti, più la rete neurale diventa profonda e più è capace di apprendere caratteristiche complesse dai dati.

Differenze tra machine learning e deep learning

Sebbene entrambi appartengano all'universo dell'intelligenza artificiale, la differenza principale tra Machine Learning e Deep Learning è il livello di complessità e il volume dei dati necessari. Mentre il ML può richiedere una rappresentazione dei dati più semplificata (estrazione manuale delle caratteristiche), il Deep Learning è in grado di estrarre automaticamente caratteristiche complesse dai dati grezzi. Ad esempio, una rete neurale può prendere come input un'immagine e identificare autonomamente le caratteristiche come bordi, forme e infine un oggetto riconoscibile, come una persona o un'auto.

Applicazioni delle reti Neurali nei settori industriali

Le reti neurali hanno applicazioni diffuse in molti settori:

- **Visione artificiale:** ad esempio, nelle automobili a guida autonoma, che utilizzano reti neurali per identificare pedoni, segnali stradali e altri veicoli.
- **Elaborazione del linguaggio naturale (NLP):** chatbot come ChatGPT o assistenti vocali come Siri e Alexa, che comprendono e rispondono al linguaggio umano.
- **Sanità:** per diagnosticare malattie attraverso l'analisi di immagini mediche, come radiografie o risonanze magnetiche.

Etica e impatti sociali dell'IA

Questioni etiche legate all'IA

L'adozione dell'IA solleva importanti questioni etiche. Come possono i sistemi di IA prendere decisioni moralmente giuste? L'IA può essere imparziale o è influenzata dai pregiudizi dei dati su cui è stata addestrata? Ad esempio, se un algoritmo è stato addestrato con dati che contengono pregiudizi di genere o razziali, è probabile che li perpetui nelle sue decisioni, influenzando negativamente le persone coinvolte.

Per garantire che l'IA sia sviluppata e utilizzata in modo responsabile, è essenziale stabilire norme e regolamenti, nonché coinvolgere una vasta gamma di parti interessate nella progettazione e valutazione delle tecnologie avanzate.

IA e il bias algoritmico

Il **bias Algoritmico** si verifica quando un algoritmo mostra una preferenza o discriminazione sistematica, spesso a causa di dati di addestramento incompleti o distorti. Ad esempio, un sistema di riconoscimento facciale potrebbe avere difficoltà a riconoscere correttamente persone con tonalità della pelle più scure, semplicemente perché il set di dati con cui è stato addestrato non includeva abbastanza variabilità.

Per ridurre il bias, è fondamentale adottare una **diversità di dati di addestramento**, monitorare regolarmente i risultati e coinvolgere esperti di diverse discipline nella progettazione dei sistemi AI.

Considerazioni sull'impatto sociale: rischi e benefici

L'intelligenza artificiale ha il potere di migliorare notevolmente le nostre vite, ma comporta anche dei rischi che non possono essere ignorati. Da un lato, può aumentare la produttività, ridurre i costi e rendere la vita più comoda. Dall'altro lato, potrebbe portare a un aumento della disoccupazione nei settori altamente automatizzati, a una maggiore sorveglianza di massa e a possibili abusi da parte di enti pubblici e privati.

Per i giovani che aspirano a lavorare in un futuro dominato dall'IA, è essenziale sviluppare non solo competenze tecniche, ma anche una consapevolezza critica dell'impatto che queste tecnologie possono avere sulla società e sulle persone.

Capitolo 2
IA e settore sanitario

IA per la diagnostica medica

Diagnostica per immagini e intelligenza artificiale

L'intelligenza artificiale (IA) sta rivoluzionando il settore della **diagnostica per immagini**, un campo fondamentale per la medicina moderna. Attraverso l'uso di algoritmi avanzati di deep learning, l'IA è in grado di analizzare immagini mediche, come radiografie, tomografie computerizzate e risonanze magnetiche, con una precisione che spesso supera quella dei radiologi umani. Ad esempio, studi recenti hanno dimostrato che l'IA può identificare tumori e altre anomalie con un tasso di accuratezza comparabile o addirittura superiore a quello degli specialisti, riducendo i tempi di diagnosi e migliorando gli esiti per i pazienti.

L'implementazione di tali tecnologie consente di sviluppare sistemi di supporto alla decisione clinica che possono suggerire diagnosi e piani di trattamento basati su dati analizzati. Tuttavia, l'adozione di queste tecnologie richiede anche un attento monitoraggio per garantire l'affidabilità dei risultati e la corretta integrazione nei flussi di lavoro clinici.

Algoritmi di previsione delle malattie

Oltre alla diagnosi, l'IA è in grado di elaborare algoritmi di previsione delle malattie, utilizzando dati storici e attuali per identificare fattori di rischio e prevedere la comparsa di condizioni patologiche. Questi modelli possono analizzare dati genetici, stili di vita e informazioni mediche passate per calcolare la probabilità che un paziente sviluppi una certa malattia, come diabete o malattie cardiovascolari. Questo approccio proattivo permette ai medici di intervenire prima che la malattia si manifesti, migliorando le strategie di prevenzione e gestione della salute.

Ad esempio, sistemi di IA possono elaborare dati provenienti da cartelle cliniche elettroniche per identificare schemi di rischio e suggerire controlli regolari per i pazienti ad alto rischio. Questa capacità di predizione non solo aiuta a salvaguardare la salute dei pazienti, ma riduce anche i costi complessivi del sistema sanitario attraverso una gestione più efficace delle malattie.

Casi di studio di successo

Diverse iniziative di successo hanno dimostrato l'efficacia dell'IA nella diagnostica medica. Un esempio significativo è rappresentato da **Google Health**, che ha sviluppato un algoritmo capace di diagnosticare il cancro al seno con un'accuratezza superiore a quella degli esperti radiologi, riducendo al contempo il numero di falsi positivi. Un altro esempio è l'uso dell'IA da parte di **IBM Watson Health**, che utilizza tecniche di elaborazione del linguaggio naturale per analizzare letteratura medica e database clinici, supportando i medici nella presa di decisioni informate.

Questi casi di studio illustrano come l'IA non solo migliori la diagnosi e la prognosi delle malattie, ma contribuisca anche alla formazione continua dei professionisti sanitari, rendendo le informazioni più accessibili e comprensibili.

Robotica e assistenza ai pazienti

Robot chirurgici

La robotica ha fatto enormi passi avanti nel settore sanitario, in particolare con l'introduzione di **robot chirurgici.** Questi dispositivi, come il sistema **da Vinci**, consentono ai chirurghi di eseguire interventi complessi con una precisione senza precedenti. I robot offrono una visione 3D ingrandita del campo operatorio e strumenti che possono eseguire movimenti delicati, riducendo il rischio di complicanze e il trauma per i pazienti.

La robotica in chirurgia non si limita alla precisione; migliora anche i tempi di recupero post-operatori e riduce la necessità di degenze prolungate. Tuttavia, l'integrazione della robotica nella chirurgia richiede un'adeguata formazione per i chirurghi, affinché possano utilizzare al meglio queste tecnologie avanzate e garantire la sicurezza dei pazienti.

Assistenti virtuali per pazienti

Gli **assistenti virtuali** alimentati da IA stanno emergendo come strumenti preziosi per migliorare l'assistenza ai pazienti. Questi strumenti possono fornire supporto 24 ore su 24, rispondendo a domande sui sintomi, ricordando ai pazienti di prendere i farmaci e persino fornendo consulenze iniziali sulla salute. Applicazioni come **"Ada Health"** e **"Babylon Health"** utilizzano l'IA per effettuare una valutazione preliminare dei sintomi, consentendo ai pazienti di ricevere indicazioni appropriate e indirizzamenti verso i professionisti della salute.

Tuttavia, è essenziale considerare i limiti di tali tecnologie. Gli assistenti virtuali non possono sostituire un medico, e la loro implementazione deve avvenire con una chiara comprensione delle loro capacità e dei loro limiti.

Telemedicina e AI

La **telemedicina** ha guadagnato una notevole attenzione, specialmente durante la pandemia di **COVID-19**, e l'IA ha potenziato questo settore, rendendo le cure più accessibili. Le piattaforme di telemedicina ora integrano soluzioni di IA per analizzare i dati dei pazienti e fornire raccomandazioni in tempo reale. Questo approccio permette ai medici di monitorare a distanza le condizioni di salute dei pazienti, migliorando la continuità delle cure e riducendo il bisogno di visite in persona.

La telemedicina non solo offre comodità, ma ha anche il potenziale di ridurre le disparità nell'accesso alle cure sanitarie, specialmente in aree rurali o svantaggiate, dove l'accesso a specialisti potrebbe essere limitato.

Implicazioni etiche nel settore medico

IA e privacy dei dati sanitari

L'adozione dell'IA nel settore sanitario porta con sé importanti questioni di **privacy** e **sicurezza dei dati.** La gestione di informazioni sensibili, come cartelle cliniche e dati personali, richiede una protezione rigorosa per prevenire abusi e violazioni. È fondamentale che le aziende e le istituzioni sanitarie implementino misure di sicurezza adeguate e conformi alle normative, come il **GDPR**, per garantire la protezione dei dati dei pazienti.

Inoltre, i pazienti devono essere informati su come i loro dati vengono raccolti, utilizzati e protetti. La trasparenza è cruciale per costruire fiducia e promuovere l'adozione delle tecnologie basate sull'intelligenza artificiale.

Considerazioni etiche sugli assistenti virtuali

L'uso di assistenti virtuali solleva anche questioni etiche. È importante garantire che i pazienti comprendano le limitazioni di questi strumenti. Gli assistenti virtuali devono essere progettati per complementare, e non sostituire, il consiglio medico umano. La dipendenza eccessiva da tali tecnologie potrebbe portare a diagnosi errate o ritardi nel trattamento, pertanto è essenziale che i pazienti siano educati sulla corretta interpretazione delle risposte fornite dagli assistenti virtuali.

Decidere in situazioni critiche: IA vs medici umani

Infine, l'uso dell'IA per prendere decisioni in situazioni critiche solleva interrogativi sulla responsabilità e sull'affidabilità delle macchine rispetto agli esseri umani.

In scenari in cui è necessaria una decisione rapida e complessa, come in caso di emergenze mediche, la questione diventa: fino a che punto ci si può fidare dell'IA rispetto al giudizio clinico di un professionista della salute?

È fondamentale trovare un equilibrio tra l'assistenza dell'IA e la competenza umana, assicurando che i medici abbiano sempre un ruolo centrale nel processo decisionale. Inoltre, le organizzazioni sanitarie devono stabilire chiare linee guida per l'integrazione dell'IA, in modo da garantire che l'uso di queste tecnologie migliori la cura dei pazienti senza compromettere la sicurezza e l'etica professionale.

Capitolo 3

IA, Business e Marketing

L'IA nell'analisi dei dati aziendali

Big data e intelligenza artificiale

L'era digitale ha portato alla generazione di enormi volumi di dati, noti come **"Big Data"**, che possono rappresentare un'opportunità straordinaria per le aziende. L'intelligenza artificiale gioca un ruolo cruciale nell'analisi di questi dati, permettendo alle aziende di estrarre informazioni preziose per prendere decisioni strategiche. Grazie a tecniche di machine learning e deep learning, le aziende possono elaborare e analizzare grandi dataset per identificare tendenze, modelli e comportamenti dei clienti che altrimenti passerebbero inosservati. Questo processo non solo migliora la comprensione del mercato, ma consente anche di adattare l'offerta alle esigenze specifiche dei consumatori.

Comprendere i clienti attraverso analisi predittive

L'analisi predittiva, alimentata dall'IA, offre alle aziende la capacità di **"prevedere"** comportamenti futuri dei clienti sulla base di dati storici. Utilizzando modelli matematici e algoritmi sofisticati, le aziende possono identificare i clienti a rischio di abbandono, anticipare le loro esigenze e personalizzare le offerte in modo proattivo. Ad esempio, il settore retail utilizza l'analisi predittiva per ottimizzare la gestione dell'inventario, prevedendo quali prodotti saranno più richiesti in base alle tendenze stagionali e ai comportamenti di acquisto passati. Questo approccio non solo migliora la customer experience, ma aumenta anche la fidelizzazione e il valore del cliente nel tempo.

Esempi concreti di aziende che utilizzano l'IA

Diverse aziende hanno adottato con successo l'intelligenza artificiale per migliorare la loro analisi dei dati. Un esempio significativo è **Amazon**, che utilizza algoritmi artificiali per analizzare i comportamenti di acquisto dei clienti e suggerire prodotti personalizzati, aumentando così le vendite. Anche **Netflix** si avvale di sistemi di raccomandazione basati su intelligenza artificiale, analizzando le preferenze degli utenti per consigliare film e serie TV. Questi esempi dimostrano come le nuove tecnologie intelligenti possano trasformare la strategia aziendale, permettendo alle imprese di essere più agili e reattive nei confronti del mercato.

Marketing personalizzato

Utilizzo dell'IA per la segmentazione dei consumatori

La segmentazione dei consumatori è un elemento chiave nel marketing moderno e l'intelligenza artificiale offre strumenti avanzati per effettuare questa operazione in modo più preciso ed efficiente. Gli algoritmi di clustering possono analizzare i dati dei clienti per identificare gruppi omogenei in base a caratteristiche specifiche, come comportamenti d'acquisto, interessi e preferenze. Questa segmentazione consente alle aziende di creare campagne mirate, migliorando il coinvolgimento e la risposta del pubblico. Ad esempio, le aziende di moda possono segmentare i clienti in base a gusti stilistici e preferenze di prezzo, offrendo promozioni personalizzate che aumentano la probabilità di conversione.

Ottimizzazione delle campagne pubblicitarie

L'intelligenza artificiale non solo aiuta nella segmentazione, ma ottimizza anche le campagne pubblicitarie. Attraverso l'analisi dei dati in tempo reale, le piattaforme pubblicitarie alimentate dall'IA possono modificare le strategie pubblicitarie per massimizzare il ROI. Ad esempio, **Google Ads** utilizza algoritmi di apprendimento automatico per analizzare le performance delle inserzioni e regolare automaticamente le offerte e i target di audience. Questo approccio consente di ottimizzare l'efficacia delle campagne, assicurando che gli annunci siano mostrati alle persone giuste al momento giusto, riducendo così i costi e aumentando l'efficacia.

Chatbot per il customer service

I **Chatbot** rappresentano un altro strumento innovativo nell'ambito del marketing personalizzato. Utilizzando l'IA, questi assistenti virtuali sono in grado di interagire con i clienti in tempo reale, rispondendo a domande frequenti, fornendo assistenza e persino completando transazioni. Le aziende, come **Sephora**, utilizzano chatbot per offrire consigli personalizzati sui prodotti, migliorando l'esperienza del cliente e liberando il personale da compiti ripetitivi. I chatbot non solo migliorano il servizio clienti, ma possono anche raccogliere dati preziosi sulle preferenze degli utenti, alimentando ulteriormente l'analisi dei dati aziendali.

Automazione e ottimizzazione dei processi

L'Automazione nel marketing digitale

L'IA ha reso possibile un alto livello di **"Automazione"** nel marketing digitale, consentendo alle aziende di gestire campagne su larga scala in modo più efficiente. Strumenti come **HubSpot** e **Marketo** integrano l'intelligenza artificiale per automatizzare attività semplici come l'invio di email, e attività un po' più complesse come la gestione dei social media e il monitoraggio delle campagne. Questa automazione non solo riduce il lavoro da svolgere ai marketer, ma garantisce anche che le comunicazioni siano tempestive e rilevanti, migliorando il coinvolgimento e l'efficacia delle campagne.

IA e ottimizzazione della supply chain

L'IA gioca un ruolo cruciale anche nell'ottimizzazione della **"Supply Chain"**, nonchè l'insieme di processi e attività coinvolte nella produzione e distribuzione di un prodotto, dalla materia prima fino al cliente finale. Attraverso l'analisi predittiva e la gestione dei dati, le aziende possono monitorare i livelli di inventario, prevedere le domande e ottimizzare la logistica. Ad esempio, aziende come **Walmart** utilizzano l'intelligenza artificiale per analizzare i dati di vendita e ottimizzare i rifornimenti, riducendo i costi operativi e migliorando il servizio al cliente. Questo approccio integrato garantisce che i prodotti siano disponibili quando e dove sono necessari, massimizzando l'efficienza della catena di approvvigionamento.

Case study sull'automazione aziendale

Un esempio di successo nell'uso dell'IA per l'automazione è rappresentato da **Zara** (azienda spagnola di moda, nota per il modello di fast fashon), che ha implementato algoritmi di intelligenza artificiale per gestire il proprio processo di produzione e distribuzione. Grazie all'analisi dei dati di vendita e delle tendenze di moda, Zara è in grado di adattare rapidamente le sue linee di produzione e ridurre il tempo di risposta alle richieste del mercato. Questo caso dimostra come l'IA non solo automatizza i processi, ma offre anche un vantaggio competitivo significativo nel dinamico ambiente del retail.

Capitolo 4

IA nell'industria creativa e media

IA e creazione di contenuti

Generazione Automatica di testi e articoli

Negli ultimi anni, l'intelligenza artificiale ha rivoluzionato il modo in cui i contenuti vengono creati. Grazie a sofisticati modelli di linguaggio come **"GPT-4"**, è possibile generare automaticamente articoli, blog e testi pubblicitari che non solo risultano coerenti, ma anche accattivanti. Questi strumenti possono analizzare e apprendere dai testi esistenti, adattandosi a diversi stili di scrittura e toni di voce.

Questa tecnologia non è solo utile per i professionisti del marketing e della comunicazione, ma rappresenta anche un'opportunità per blogger e creatori di contenuti che desiderano aumentare la loro produttività. Ad esempio, molte aziende utilizzano l'IA per redigere report o sintetizzare informazioni da grandi volumi di dati, consentendo agli scrittori di concentrarsi su aspetti più creativi e strategici.

IA nel design Grafico

L'intelligenza artificiale sta trasformando il campo del **Design grafico** attraverso strumenti che possono generare automaticamente immagini, loghi e grafiche. Software come **Adobe Sensei** e **Canva** utilizzano algoritmi di IA per suggerire design e layout basati sulle preferenze degli utenti e sulle tendenze attuali.

Questi strumenti non solo semplificano il processo creativo, ma consentono anche a gente inesperta di produrre contenuti visivi di alta qualità. Inoltre, l'IA può analizzare le performance dei design, fornendo suggerimenti per ottimizzare l'impatto visivo e l'engagement del pubblico.

Creazione musicale e artistica con algoritmi AI

La creazione musicale ha beneficiato enormemente dall'uso dell'IA. Algoritmi come **OpenAI's MuseNet** e **AIVA** possono comporre brani musicali in vari stili e generi, fornendo strumenti innovativi per musicisti e produttori. Queste tecnologie permettono anche di generare colonne sonore per film, videogiochi e pubblicità, riducendo il tempo e il costo di produzione.

In campo artistico, gli algoritmi di intelligenza artificiale sono in grado di creare opere d'arte che sfidano le convenzioni tradizionali.

Attraverso l'apprendimento da opere esistenti, l'IA può produrre pezzi unici che stimolano riflessioni sulle implicazioni estetiche e filosofiche dell'arte generata da macchina.

Analisi del sentiment e social media

Monitoraggio delle tendenze con l'IA

L'analisi delle tendenze nei social media è diventata cruciale per le aziende che desiderano rimanere competitive nel mercato. L'intelligenza artificiale consente di monitorare conversazioni online e identificare tendenze emergenti in tempo reale. Utilizzando algoritmi di machine learning, le aziende possono analizzare enormi volumi di dati per capire quali argomenti stanno guadagnando attenzione.

Ad esempio, strumenti come **Google Trends** e **Brandwatch** permettono di vedere come i vari temi si diffondono nel tempo, consentendo ai marketer di adattare le loro strategie di comunicazione e creare contenuti che rispondano direttamente agli interessi del pubblico.

Analisi del sentiment sui social

L'analisi del sentiment è un altro aspetto chiave dell'IA applicata ai social media. Attraverso l'analisi del linguaggio naturale, le aziende possono determinare come le persone percepiscono il loro brand, prodotto o servizio.

Questa tecnica analizza commenti, post e recensioni per valutare se il sentiment è positivo, negativo o neutro.

Le informazioni derivate dall'analisi del sentiment aiutano le aziende a identificare aree di miglioramento, comprendere l'impatto delle campagne pubblicitarie e rispondere rapidamente a feedback negativi, contribuendo così a costruire relazioni più forti con i clienti.

Esempi di successo nel marketing sui social

Diversi brand hanno già sfruttato l'intelligenza artificiale per migliorare la loro presenza sui social media. Un esempio è **Coca-Cola**, che ha utilizzato algoritmi di machine learning per analizzare i dati delle campagne e ottimizzare i contenuti in base alle preferenze del pubblico. Un altro caso è **Nike**, che ha implementato chatbot per interagire con i clienti su piattaforme come **Facebook Messenger**, migliorando il servizio clienti e l'engagement.

Questi esempi dimostrano come l'uso strategico dell'intelligenza artificiale possa portare a risultati tangibili nel marketing sui social, migliorando la visibilità del brand e il coinvolgimento del pubblico.

IA e la produzione di film e videogiochi

Effetti speciali generati da IA

L'intelligenza artificiale ha un impatto significativo sulla produzione di **film** e **videogiochi**, in particolare per quanto riguarda gli effetti speciali.

Software avanzati possono generare effetti visivi in modo più efficiente, riducendo i costi e il tempo di produzione.

Tecnologie come il deep learning possono anche analizzare scene precedenti per suggerire miglioramenti o generare nuovi effetti visivi che sarebbero difficili da realizzare manualmente.

Ad esempio in film come **"Avengers: Endgame"** hanno utilizzato algoritmi di IA per migliorare la qualità degli effetti speciali, rendendo le scene d'azione ancora più coinvolgenti per il pubblico.

Algoritmi per migliorare l'interattività nei Videogiochi

Nei videogiochi, l'IA è fondamentale per migliorare l'interattività e l'esperienza del giocatore.

Algoritmi avanzati possono adattare il comportamento dei personaggi non giocanti (NPC) in base alle azioni del giocatore, creando esperienze di gioco più immersive e personalizzate.

Inoltre, l'IA può analizzare il comportamento del giocatore per regolare la difficoltà del gioco, mantenendo un livello di sfida equilibrato e coinvolgente. Titoli come **"The Last of Us Part II"** hanno utilizzato l'intelligenza artificiale per creare NPC che reagiscono in modo realistico e strategico alle azioni del giocatore, elevando notevolmente l'esperienza di gioco.

IA e la creazione di sceneggiature

Infine, l'intelligenza artificiale sta iniziando a entrare nel processo di "scrittura delle sceneggiature". Alcuni strumenti, come **ScriptAI**, utilizzano algoritmi di apprendimento automatico per analizzare centinaia di sceneggiature esistenti e generare idee e spunti narrativi. Questo approccio non sostituisce la creatività umana, ma offre un supporto interessante agli sceneggiatori nel superare il blocco creativo.

Tuttavia, è importante considerare che l'IA non può replicare completamente la complessità e la profondità della narrazione umana. I migliori risultati si ottengono quando viene utilizzata come strumento per stimolare la creatività, piuttosto che come sostituto della creatività stessa.

Capitolo 5

IA e settore finanziario

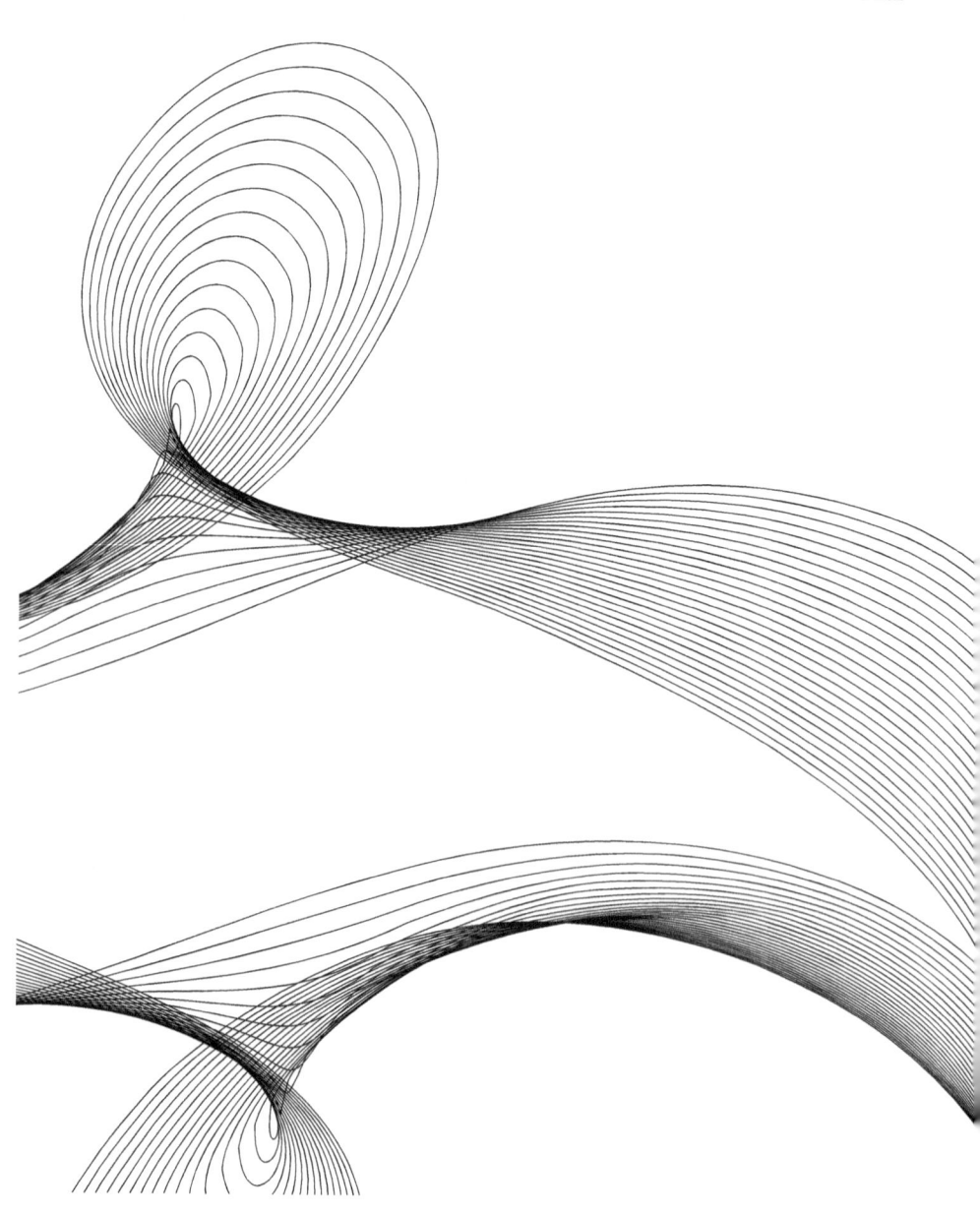

Automazione del trading finanziario

Trading algoritmico e IA

Negli ultimi anni, il **Trading algoritmico** ha rivoluzionato il modo in cui gli investitori operano nei mercati finanziari. Utilizzando algoritmi basati su intelligenza artificiale, i trader possono analizzare enormi volumi di dati in frazioni di secondo e prendere decisioni di acquisto o vendita in base a parametri predefiniti. Questa automazione consente di eseguire operazioni che un trader umano non sarebbe in grado di gestire, sia per la velocità che per la complessità delle analisi.

I sistemi di trading algoritmico possono anche apprendere e adattarsi a condizioni di mercato in continua evoluzione. Attraverso tecniche di machine learning, questi algoritmi possono analizzare pattern storici e fare previsioni sui movimenti futuri del mercato. Tuttavia, è importante notare che il trading algoritmico non è privo di rischi e richiede una supervisione attenta per evitare perdite significative.

Rischi e benefici del trading automatizzato

Il trading automatizzato offre numerosi vantaggi, tra cui la capacità di operare 24 ore su 24 senza la necessità di intervento umano. Questo approccio può ridurre i costi operativi e aumentare l'efficienza delle transazioni. Tuttavia, ci sono anche rischi associati. Gli algoritmi possono reagire in modo imprevedibile a eventi di mercato estremi o inaspettati, portando a fluttuazioni rapide e potenzialmente disastrose. Gli incidenti noti, come il **"Flash Crash"** del 2010, evidenziano l'importanza di implementare misure di gestione del rischio quando si utilizza il trading automatizzato.

Le istituzioni finanziarie devono quindi valutare attentamente i pro e i contro del trading algoritmico e assicurarsi che ci siano protocolli di sicurezza e strategie di mitigazione dei rischi in atto per proteggere gli investitori.

Analisi dei mercati tramite machine learning

L'analisi dei mercati finanziari è un altro campo in cui l'intelligenza artificiale sta avendo un impatto significativo. Utilizzando tecniche di machine learning, gli analisti possono elaborare grandi dataset contenenti informazioni storiche sui prezzi, indicatori economici e sentiment del mercato. Queste tecniche consentono di identificare tendenze e correlazioni che potrebbero non essere evidenti a un'analisi tradizionale.

Ad esempio, alcuni hedge fund (Fondo Speculativo) utilizzano algoritmi di IA per analizzare il sentiment degli investitori attraverso i social media e le notizie economiche, integrando queste informazioni nelle loro strategie di trading. Questo approccio aumenta la comprensione del contesto di mercato e può migliorare la capacità di previsione.

Gestione del rischio e frodi

Rilevazione delle frodi bancarie tramite IA

L'intelligenza artificiale sta rivoluzionando anche il modo in cui le istituzioni finanziarie affrontano le **frodi bancarie**. Gli algoritmi di apprendimento automatico possono analizzare le transazioni in tempo reale, identificando comportamenti sospetti e segnalandoli per ulteriori indagini. Questo approccio consente di ridurre significativamente le perdite associate alle frodi.

Ad esempio, molte banche utilizzano sistemi di intelligenza artificiale per monitorare le transazioni di carte di credito, rilevando rapidamente anomalie nei modelli di spesa. La capacità di analizzare i dati in tempo reale rende questi sistemi molto più efficaci rispetto ai metodi tradizionali basati su regole statiche, che potrebbero non catturare nuove tecniche di frode.

Valutazione dei rischi finanziari con modelli predittivi

L'uso di modelli predittivi basati su intelligenza artificiale per la **valutazione dei rischi finanziari** è diventato sempre più comune. Questi modelli possono elaborare dati storici per prevedere i rischi associati a prestiti e investimenti, permettendo alle istituzioni di prendere decisioni più informate.

Ad esempio, le banche possono utilizzare l'intelligenza artificiale per analizzare i profili di credito dei clienti, valutando la probabilità di default e adattando le condizioni dei prestiti di conseguenza. Inoltre, le aziende di assicurazione possono impiegare modelli predittivi per calcolare i premi in base ai rischi individuali, migliorando così la loro redditività e sostenibilità.

IA nei prestiti e nella valutazione creditizia

L'intelligenza artificiale sta anche trasformando il modo in cui vengono gestiti i prestiti e la **Valutazione Creditizia**. Tradizionalmente, le decisioni di prestito si basano su criteri fissi e punteggi di credito. Tuttavia, l'IA consente di considerare una gamma più ampia di fattori, tra cui comportamenti di spesa, dati sociali e persino interazioni online.

Questo approccio più olistico migliora l'inclusione finanziaria, permettendo a individui e piccole imprese con limitate storie creditizie di accedere a prestiti. Tuttavia, è essenziale che le istituzioni finanziarie garantiscano trasparenza nei loro algoritmi per evitare pregiudizi e discriminazioni.

Consulenza finanziaria virtuale

Robo-advisor e gestione patrimoniale automatizzata

I **Robo-advisor** stanno guadagnando popolarità come soluzioni di consulenza finanziaria automatizzata. Questi strumenti utilizzano algoritmi di intelligenza artificiale per fornire consulenza patrimoniale personalizzata a costi inferiori rispetto ai consulenti tradizionali. Attraverso questionari iniziali che valutano la tolleranza al rischio e gli obiettivi di investimento degli utenti, i Robo-advisor possono creare portafogli diversificati e monitorare le performance in tempo reale.

L'efficienza dei Robo-advisor si traduce in accesso a servizi di consulenza finanziaria anche per i piccoli investitori, abbattendo le barriere di ingresso. Inoltre, l'uso dell'intelligenza artificiale consente a questi strumenti di adattare continuamente le strategie di investimento in risposta alle mutevoli condizioni di mercato.

Chatbot per la consulenza finanziaria

I Chatbot stanno diventando sempre più comuni nel settore della consulenza finanziaria, fornendo assistenza 24 ore su 24 per rispondere a domande frequenti, offrire consigli e gestire transazioni. Questi assistenti virtuali possono semplificare l'esperienza dell'utente, fornendo risposte rapide e accurate in base ai dati degli utenti.

Tuttavia, è importante considerare che, mentre i Chatbot possono gestire domande di base e fornire supporto immediato, le situazioni più complesse richiedono ancora l'intervento di consulenti umani esperti. In sostanza la combinazione di intelligenza artificiale e interazione umana è fondamentale per garantire un servizio di alta qualità.

Case study sui principali robo-advisor

Alcuni dei principali robo-advisor, come **Betterment** e **Wealthfront**, hanno dimostrato come l'intelligenza artificiale possa essere utilizzata con successo nella consulenza patrimoniale. Queste piattaforme offrono un'interfaccia intuitiva e strategie di investimento personalizzate basate su algoritmi. I loro modelli di business sono in grado di ridurre i costi e aumentare l'efficienza, portando a un'ampia adozione anche tra i millennial e i giovani professionisti.

Inoltre, queste piattaforme stanno integrando sempre più funzioni sociali ed educative, aiutando gli utenti a comprendere meglio i loro investimenti e ad adottare comportamenti finanziari più consapevoli

Capitolo 6

IA e automazione industriale

Industria 4.0 e manifattura intelligente

Automazione dei processi produttivi

L'introduzione dell'intelligenza artificiale nella manifattura intelligente rappresenta una pietra miliare dell'Industria 4.0, rivoluzionando i processi produttivi tradizionali. Le fabbriche intelligenti, che sfruttano sistemi automatizzati e interconnessi, permettono una produzione più efficiente e flessibile. Le linee di produzione automatizzate, controllate da algoritmi, ottimizzano la velocità di produzione e la qualità del prodotto finale, riducendo al minimo gli errori umani.

Inoltre, l'uso di sensori IoT (Internet of Things) integrati con intelligenza artificiale permette la raccolta e l'analisi in tempo reale dei dati di produzione, rendendo possibile l'adattamento immediato alle variabili ambientali o ai cambiamenti di domanda del mercato.

Manutenzione predittiva

Uno degli sviluppi più significativi nella manifattura intelligente è l'applicazione dell'IA nella manutenzione predittiva. In passato, le aziende seguivano piani di manutenzione preventiva, basati su intervalli temporali fissi, oppure intervenivano solo dopo il guasto. Oggi, grazie alle nuove tecnologie, i sistemi possono monitorare costantemente le condizioni delle macchine e prevedere con precisione quando sarà necessario un intervento di manutenzione.

Questo approccio proattivo consente di evitare costosi fermi macchina, migliorare la durata delle attrezzature e ridurre i costi operativi complessivi. Ad esempio, case automobilistiche come **BMW** e **Tesla** utilizzano la manutenzione predittiva per garantire che i loro processi produttivi funzionino senza interruzioni.

Robot collaborativi (cobot)

I robot collaborativi, o **cobot**, sono progettati per lavorare fianco a fianco con gli operatori umani nelle fabbriche, migliorando la sicurezza e l'efficienza. A differenza dei robot tradizionali, che operano in aree delimitate per evitare incidenti, i cobot sono dotati di sensori avanzati che consentono loro di interagire in sicurezza con le persone.

Questi robot stanno trovando applicazioni in diverse industrie, dall'assemblaggio di componenti elettronici alla movimentazione di materiali pesanti. Grazie alla loro flessibilità e facilità d'uso, i cobot stanno cambiando il modo in cui le aziende progettano le linee di produzione, consentendo alle imprese di personalizzare il lavoro senza perdere in produttività.

IA e ottimizzazione della logistica

Casi di studio di aziende innovative

Diversi casi di studio dimostrano come l'intelligenza artificiale stia rivoluzionando la logistica. **UPS**, ad esempio, ha implementato un sistema di IA chiamato Orion, che analizza milioni di dati per ottimizzare i percorsi di consegna, risparmiando milioni di chilometri e tonnellate di carburante. **DHL**, invece, utilizza l'IA per migliorare la gestione dei magazzini, riducendo gli errori umani e aumentando la produttività.

Questi esempi illustrano come l'intelligenza artificiale possa trasformare interi settori, migliorando l'efficienza e riducendo i costi operativi.

Trasformazione del lavoro industriale

Come l'IA sta trasformando i ruoli dei lavoratori

L'automazione e l'intelligenza artificiale stanno trasformando radicalmente il mondo del lavoro industriale. Molti compiti ripetitivi e manuali, una volta eseguiti dagli esseri umani, vengono ora svolti da macchine intelligenti. Tuttavia, questo cambiamento non significa necessariamente una riduzione dei posti di lavoro. Invece, sta emergendo una domanda crescente di lavoratori con competenze tecniche più avanzate.

I lavoratori oggi sono sempre più coinvolti in ruoli che richiedono il monitoraggio, la gestione e la manutenzione dei sistemi automatizzati, aprendo la strada a nuove opportunità di carriera nel campo della tecnologia e della robotica.

Upskilling e reskilling per adattarsi all'industria 4.0

L'introduzione dell'IA richiede ai lavoratori di aggiornare le proprie competenze attraverso programmi di **upskilling** e **reskilling**. L'upskilling si riferisce all'acquisizione di nuove competenze tecniche che consentono ai lavoratori di operare efficacemente in un ambiente automatizzato, mentre il reskilling riguarda l'apprendimento di competenze completamente nuove per passare a ruoli diversi.

Molte aziende stanno investendo in programmi di formazione per il proprio personale, preparando i lavoratori per ruoli come analisti di dati, tecnici di robotica o specialisti di IA. Questa transizione è essenziale affinché le industrie possano sfruttare appieno i vantaggi dell'Industria 4.0 e per garantire che i lavoratori rimangano competitivi nel mercato del lavoro.

Sfide e opportunità per i giovani

Per i giovani che si affacciano al mondo del lavoro, l'Industria 4.0 e l'automazione rappresentano sia una sfida che un'opportunità. La sfida principale consiste nell'adattarsi a un mondo in cui le competenze digitali e tecniche sono sempre più richieste. Tuttavia, c'è anche un'enorme opportunità: coloro che acquisiscono competenze nell'intelligenza artificiale, nella robotica e nella gestione dei dati, troveranno opportunità di lavoro in settori in crescita e ben remunerati.

In particolare, settori come la manutenzione avanzata, la programmazione di robot industriali e l'analisi dei dati di produzione offrono prospettive di carriera promettenti. Il consiglio per i giovani è di investire nella propria formazione e di abbracciare le nuove tecnologie come parte del proprio percorso professionale.

Capitolo 7

IA e mobilità (smart mobility)

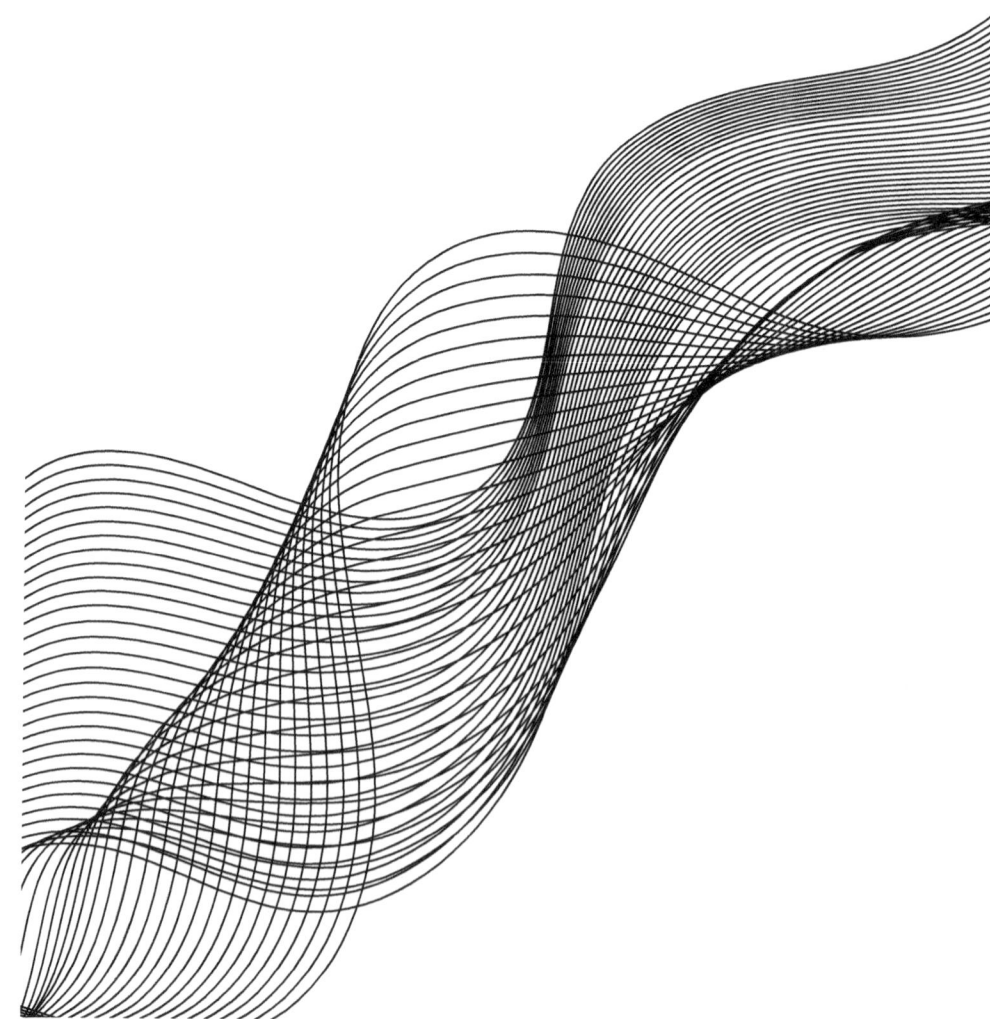

Veicoli a guida autonoma

Come funzionano le auto a guida autonoma

Le auto a guida autonoma rappresentano un'importante innovazione nel campo della mobilità intelligente. Questi veicoli utilizzano una combinazione di sensori avanzati (radar, lidar, videocamere) e algoritmi di intelligenza artificiale per mappare l'ambiente circostante, riconoscere oggetti, pedoni e veicoli, e prendere decisioni di guida. Il cuore del sistema è l'apprendimento automatico (machine learning) che consente al veicolo di analizzare grandi quantità di dati e migliorare costantemente le proprie prestazioni.

Le auto autonome si basano su reti neurali e algoritmi di deep learning per elaborare dati visivi e sensoriali, interpretare la segnaletica stradale e riconoscere condizioni stradali pericolose. Le principali case automobilistiche e aziende tecnologiche, come **Tesla** e **Waymo**, sono leader nello sviluppo di questa tecnologia.

IA per la sicurezza stradale

L'introduzione di veicoli autonomi promette di aumentare significativamente la sicurezza stradale. Gli incidenti stradali sono spesso causati da errori umani come la distrazione o la guida sotto l'influenza di alcol. Le auto a guida autonoma possono eliminare questi fattori di rischio, reagendo in modo più rapido e preciso rispetto agli esseri umani.

Sistemi di assistenza alla guida avanzata (ADAS) già implementati in molte auto moderne utilizzano l'intelligenza artificiale per prevenire collisioni, mantenere il veicolo in corsia e adattare la velocità alle condizioni del traffico. Questo tipo di tecnologia, con il tempo, potrà ridurre drasticamente il numero di incidenti stradali.

Sfide e prospettive future

Nonostante i progressi, ci sono ancora molte sfide da affrontare per rendere i veicoli a guida autonoma una realtà diffusa. Tra queste ci sono le difficoltà nel gestire condizioni ambientali difficili, come pioggia intensa o neve, e situazioni imprevedibili causate da pedoni o altri veicoli. Inoltre, la normativa e le questioni legali, come la responsabilità in caso di incidenti, devono ancora essere completamente sviluppate.

Le prospettive future restano comunque promettenti. Con il continuo sviluppo della tecnologia, le auto a guida autonoma potrebbero ridurre in modo significativo la congestione stradale, migliorare la sicurezza e abbassare l'impatto ambientale, trasformando radicalmente il settore dei trasporti.

Gestione del traffico urbano

IA per l'ottimizzazione del traffico

Uno degli usi più promettenti dell'intelligenza artificiale nella mobilità è il controllo del traffico. Attraverso l'analisi dei dati raccolti da telecamere, sensori stradali e GPS, gli algoritmi possono regolare in tempo reale il flusso del traffico, ottimizzando i tempi dei semafori e riducendo gli ingorghi. Sistemi come quello implementato a Los Angeles (Robotaxi) hanno dimostrato di poter ridurre l'affollamento stradale, migliorando al contempo la sicurezza.

L'IA consente anche una gestione dinamica del traffico, adattando le misure in base a variabili, quali l'ora del giorno, le condizioni meteorologiche e gli eventi in corso, come manifestazioni o incidenti stradali.

Sistemi di trasporto pubblico intelligente

L'IA è anche ampiamente utilizzata nel miglioramento dei sistemi di trasporto pubblico. Le città stanno implementando sistemi di gestione del trasporto intelligente che, grazie ai dati in tempo reale, possono ottimizzare i percorsi di autobus e treni, riducendo i tempi di attesa e aumentando l'efficienza del servizio. Ad esempio, Stoccolma utilizza sistemi tecnologici intelligenti per regolare la frequenza degli autobus in base alla domanda dei passeggeri.

Un altro esempio è Barcellona, che utilizza l'intelligenza artificiale per monitorare e gestire in modo efficiente il traffico, i parcheggi e i livelli di inquinamento, migliorando la qualità della vita urbana.

Questi sistemi possono anche migliorare l'affidabilità dei trasporti pubblici, prevedendo ritardi e consentendo agli operatori di intervenire tempestivamente per ridurre i disservizi.

Logistica e droni

Applicazioni dei droni nella consegna

Ormai l'intelligenza artificiale ha rivoluzionato il settore della logistica, in particolare attraverso l'uso di droni per la consegna di pacchi. Questi velivoli autonomi possono trasportare pacchi in aree urbane e remote, riducendo i tempi di consegna e ottimizzando i costi operativi. Grandi aziende come **Amazon** e **UPS** stanno già testando l'utilizzo dei droni per effettuare consegne rapide ed efficienti.

Grazie all'IA, i droni possono pianificare in modo autonomo i percorsi migliori, evitare ostacoli e persino monitorare le condizioni meteorologiche per garantire consegne sicure e precise.

Impatti sul mercato del lavoro

L'automazione della logistica con l'IA e i droni avrà un impatto significativo sul mercato del lavoro. Da una parte, l'adozione di questi sistemi potrebbe ridurre la domanda di lavoratori in settori tradizionali come la logistica e il trasporto merci. Dall'altra, la crescita dell'automazione creerà nuove opportunità per i lavoratori qualificati nel campo della manutenzione dei droni, della gestione delle flotte autonome e dell'analisi dei dati.

Inoltre, le aziende dovranno investire in programmi di upskilling e reskilling per preparare la forza lavoro alle nuove sfide poste dalla tecnologia. Questo cambiamento rappresenta una grande opportunità per i giovani, che potranno sviluppare competenze richieste nell'industria tecnologica del futuro.

Capitolo 8

IA e il mondo del lavoro

Lavori del futuro e competenze richieste

Quali competenze sviluppare per essere competitivi

L'intelligenza artificiale sta trasformando radicalmente il mercato del lavoro, creando nuove opportunità ma anche imponendo l'adozione di nuove competenze. Essere competitivi in un contesto dominato dall'IA richiede non solo una buona conoscenza della tecnologia, ma anche lo sviluppo di soft skills come il pensiero critico, la capacità di problem solving e la collaborazione interdisciplinare.

Le competenze tecniche, invece, includono la programmazione (**Python** e **R** sono tra i linguaggi più utilizzati), la conoscenza di algoritmi di machine learning e l'abilità di lavorare con dati complessi (data science). Altre competenze chiave comprendono la comprensione dei modelli predittivi, l'analisi dei dati e l'uso di piattaforme di intelligenza artificiale per automatizzare processi aziendali o personali.

Lavori emergenti legati all'IA

Con il progredire della tecnologia, emergono nuovi ruoli che prima non esistevano. Professioni come il **Data Scientist**, il **Machine Learning Engineer**, e lo specialista in automazione stanno diventando sempre più richieste. Anche figure legate alla robotica, all'analisi predittiva, e al design di sistemi intelligenti stanno prendendo piede in diversi settori.

Oltre ai ruoli tecnici, esiste una crescente domanda per professionisti che sappiano coniugare l'intelligenza artificiale con la creatività, come gli esperti di **User Experience** (UX) per interfacce intelligenti, e figure specializzate nell'integrazione di sistemi intelligenti nei processi aziendali e gestionali.

Trasformazione delle figure professionali tradizionali

Anche le professioni più tradizionali stanno subendo una profonda trasformazione grazie all'intelligenza artificiale. Settori come la finanza, la sanità e il marketing vedono l'IA impattare fortemente sulle modalità operative, portando alla creazione di ibridi professionali. Ad esempio, i commercialisti possono sfruttare l'IA per l'analisi automatizzata dei bilanci, mentre i medici usano strumenti artificiali per diagnosi più accurate.

Questa evoluzione richiede ai professionisti di apprendere nuove tecnologie e aggiornare costantemente le proprie competenze, per integrare strumenti basati sull'intelligenza artificiale nel proprio lavoro quotidiano.

Come utilizzare l'IA per la crescita personale

Strumenti di IA per migliorare la produttività

L'intelligenza artificiale può essere una potente alleata per migliorare la produttività personale. Esistono numerosi strumenti basati sull'intelligenza artificiale che aiutano a gestire le attività quotidiane, come assistenti virtuali **(Google Assistant, Siri)** e applicazioni per l'organizzazione delle task. Questi strumenti possono suggerire priorità, ottimizzare i tempi, e persino automatizzare compiti ripetitivi come l'invio di email o la gestione di calendari.

Utilizzare questi strumenti per la produttività significa anche poter sfruttare piattaforme come **Grammarly** per migliorare la scrittura, o strumenti di automazione delle attività come **Zapier** e **IFTTT** per far comunicare tra loro diversi servizi e ridurre il lavoro manuale.

Gestione del tempo e delle attività quotidiane

Uno degli ambiti in cui l'IA può fare la differenza è la gestione del tempo. Algoritmi intelligenti possono analizzare il modo in cui utilizziamo il nostro tempo e suggerire modalità per ottimizzare la nostra giornata. Applicazioni come **Trello**, supportate da sistemi intelligenti, possono aiutare a organizzare meglio progetti e attività, mentre altre come **RescueTime** monitorano quanto tempo spendiamo su diverse attività per aiutarci a migliorare la gestione del nostro tempo.

Inoltre, assistenti virtuali come **Cortana** o **Google Assistant** possono semplificare la pianificazione di appuntamenti e promemoria, migliorando la nostra efficienza complessiva.

IA come assistente per studio e apprendimento

Per chi è interessato allo studio e all'apprendimento, l'IA offre strumenti straordinari. Piattaforme di E-Learning come **Coursera** o **Udemy** utilizzano algoritmi per personalizzare i percorsi di studio in base alle esigenze e alle preferenze degli utenti. L'intelligenza artificiale può anche suggerire contenuti di apprendimento aggiuntivi, basandosi sui progressi e le difficoltà incontrate dagli studenti.

Assistenti virtuali come **Quizlet** sono capaci di generare schede di apprendimento personalizzate, aiutando a memorizzare meglio le informazioni. In aggiunta, strumenti come **Duolingo**, per l'apprendimento delle lingue, utilizzano sistemi intelligenti per migliorare il processo di apprendimento personalizzato.

Prepararsi a un futuro AI-driven

Come orientarsi nelle opportunità educative

Il futuro del lavoro sarà sempre più influenzato dall'intelligenza artificiale, ed è fondamentale prepararsi in anticipo acquisendo competenze mirate. Le opportunità educative legate a quest'ultima sono in costante espansione. Università e piattaforme online offrono una vasta gamma di corsi e certificazioni in IA, data science, machine learning e altre discipline correlate. Intraprendere uno di questi percorsi può dare un vantaggio competitivo nel mercato del lavoro.

È importante scegliere corsi che siano non solo teorici, ma anche pratici, che includano lo sviluppo di progetti reali che aiutino ad acquisire competenze pratiche applicabili direttamente nel mondo professionale.

Corsi, certificazioni e percorsi di studio specifici

Tra i percorsi educativi più richiesti ci sono quelli offerti da piattaforme come **edX**, **Udemy**, e **Coursera**, che propongono certificazioni riconosciute nell'ambito dell'intelligenza artificiale. Università come **MIT** o **Stanford** offrono corsi online sull'educazione all'uso dell'intelligenza artificiale che coprono argomenti di base e avanzati. Inoltre, molte aziende tecnologiche (**Google, Microsoft, IBM**) offrono percorsi certificati per acquisire competenze specifiche nell'utilizzo dei loro strumenti artificiali.

Alcuni percorsi di studio universitari includono corsi in scienze computazionali, ingegneria informatica, e data science, che offrono una preparazione completa per chi vuole lavorare nel settore in questione.

Network e comunità di professionisti AI

Entrare a far parte di network e comunità di professionisti del settore AI è un passo fondamentale per sviluppare la propria carriera. Questi gruppi non solo offrono opportunità di networking, ma permettono anche di condividere conoscenze, partecipare a progetti collaborativi e restare aggiornati sugli sviluppi della tecnologia. Piattaforme come **LinkedIn**, **GitHub**, e **Kaggle** sono ottimi spazi per connettersi con esperti e partecipare a competizioni legate all'intelligenza artificiale.

Inoltre, eventi come conferenze, workshop e hackathon sull'intelligenza artificiale sono occasioni ideali per imparare direttamente dai professionisti del settore e costruire un network di contatti utili per il futuro.

Capitolo 9

Sfide, limiti e considerazioni etiche

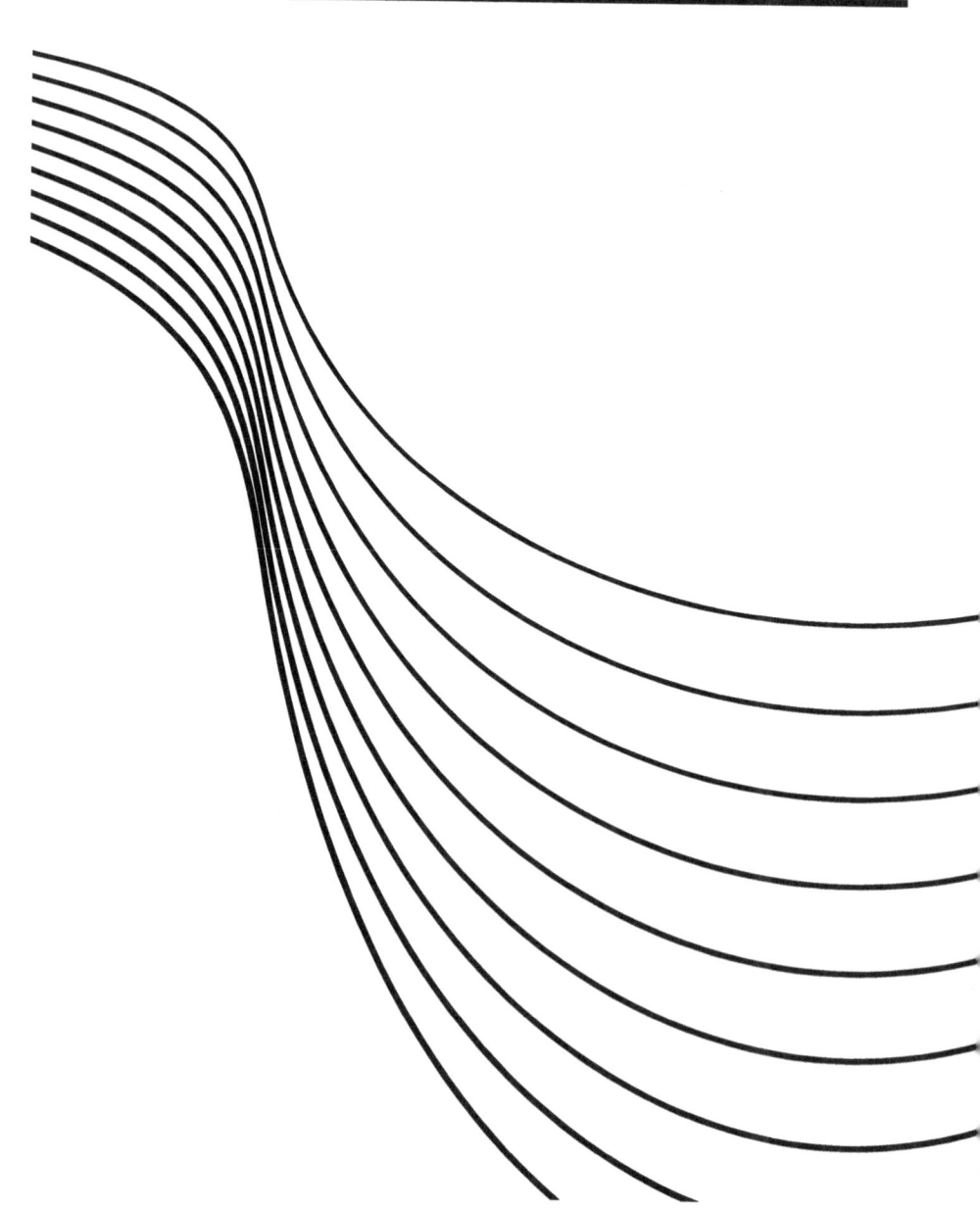

Rischi dell'IA per la privacy

Sorveglianza e raccolta dei dati

Uno dei problemi più critici legati all'intelligenza artificiale è la raccolta massiccia di dati personali. Questo solleva importanti preoccupazioni in termini di sorveglianza e invasione della privacy. Le aziende, le organizzazioni e i governi possono tracciare e monitorare gli individui a un livello senza precedenti, spesso senza un consenso esplicito.

Un esempio emblematico è il riconoscimento facciale: utilizzato in alcuni paesi per migliorare la sicurezza, esso solleva preoccupazioni su un utilizzo potenzialmente abusivo, con il rischio di creare una società di sorveglianza costante. Inoltre, molte applicazioni basate sull'IA tracciano il comportamento degli utenti online, creando profili dettagliati che possono essere venduti o utilizzati senza il consenso adeguato.

Come proteggere la propria privacy nell'era IA

Per proteggere la privacy nell'era artificiale, è essenziale essere consapevoli dei propri diritti e delle migliori pratiche. Utilizzare strumenti di crittografia, navigare in modo sicuro tramite VPN, e abilitare controlli sulla privacy nei dispositivi e nelle piattaforme utilizzate sono alcune delle misure pratiche che possono ridurre il rischio di violazione della privacy.

A livello normativo, è importante che i governi e le istituzioni regolamentino l'utilizzo dei dati. Regolamenti come il **GDPR** (Regolamento generale sulla protezione dei dati) in Europa forniscono un quadro per garantire che i dati personali siano protetti e che vi sia trasparenza su come vengono utilizzati.

Esempi di violazioni della privacy e casi di studio

Esistono numerosi casi di studio che mostrano come l'intelligenza artificiale possa portare a violazioni della privacy. Un esempio è il caso di **Cambridge Analytica**, in cui dati di milioni di utenti di Facebook furono raccolti e utilizzati senza il loro consenso per influenzare il comportamento elettorale. Questo caso dimostra come algoritmi intelligenti possano essere sfruttati in modo improprio per manipolare le persone su larga scala.

Un altro esempio è l'utilizzo di app per il tracciamento del COVID-19, che ha sollevato preoccupazioni su come i dati sanitari e di geolocalizzazione potrebbero essere impiegati dopo la pandemia.

Dipendenza dall'automazione

L'Impatto dell'automazione sull'occupazione

L'intelligenza artificiale ha automatizzato molti lavori, soprattutto nei settori della produzione, della logistica e persino dei servizi. Questa automazione, se da un lato porta efficienza, dall'altro solleva la preoccupazione che un numero crescente di lavoratori potrebbe essere sostituito da macchine. Si stima che alcune professioni, soprattutto quelle più ripetitive, possano scomparire, lasciando milioni di persone senza occupazione.

Questo fenomeno è spesso descritto come la "sindrome del lavoratore sostituibile", dove i lavoratori temono che le loro competenze non siano più necessarie. In particolare, settori come la manifattura, il trasporto e persino il customer service vedono una rapida transizione verso processi interamente automatizzati.

La sindrome del "lavoratore sostituibile"

La sindrome del "lavoratore sostituibile" si riferisce alla paura che i dipendenti hanno di essere rimpiazzati dall'intelligenza artificiale o dalla robotica. Mentre l'IA si espande, le mansioni più semplici e ripetitive vengono delegate a macchine, riducendo la necessità di manodopera umana. Questo crea una sensazione di instabilità lavorativa e una pressione costante a migliorare le proprie competenze.

Tuttavia, questa trasformazione offre anche opportunità: nuovi ruoli emergono, in cui gli esseri umani lavorano a fianco delle macchine. È importante prepararsi, sviluppando nuove competenze tecniche e cognitive che le macchine non possono sostituire facilmente.

IA e impatti sociali a lungo termine

Cambiamenti sociali dovuti all'automazione

L'automazione sta già cambiando le strutture sociali, con una maggiore dipendenza dalle tecnologie intelligenti in tutti gli aspetti della vita quotidiana. Questo cambiamento solleva domande importanti su come la società gestirà la disoccupazione tecnologica, il divario economico tra chi ha accesso alle nuove tecnologie e chi ne è privo, e il rischio di creare nuove forme di disuguaglianza sociale.

Inoltre, c'è la preoccupazione che l'uso esteso dell'intelligenza artificiale possa portare a una diminuzione delle interazioni umane, con un impatto sulla coesione sociale e sull'empatia.

Divari tecnologici tra paesi e classi sociali

Un altro aspetto critico da considerare è il divario tecnologico. Non tutti i paesi o le classi sociali hanno accesso alle stesse tecnologie. Mentre le economie avanzate possono sfruttare al meglio il potenziale dell'IA per aumentare la produttività e migliorare i servizi, i paesi in via di sviluppo rischiano di rimanere indietro, creando una frattura economica e tecnologica non indifferente.

Inoltre, all'interno di una stessa società, la disparità di accesso alle tecnologie avanzate potrebbe accentuare le differenze tra le diverse classi sociali, creando nuove forme di esclusione.

Discussione sul futuro delle interazioni umane con le tecnologie artificiali

Infine, un aspetto da non sottovalutare riguarda l'impatto che l'intelligenza artificiale avrà sulle interazioni umane. Se da un lato può semplificare molte attività e migliorare l'efficienza, dall'altro potrebbe ridurre le occasioni di interazione diretta tra le persone, portando a una società più isolata e meno empatica.

Le macchine potrebbero sostituire in parte ruoli che richiedono interazione umana, come l'insegnamento o l'assistenza, e questo potrebbe influire negativamente sulla qualità delle relazioni interpersonali. È quindi essenziale riflettere su come bilanciare l'utilizzo della tecnologia avanzata con il mantenimento di interazioni umane autentiche.

Capitolo 10

Strumenti e risorse per imparare l'intelligenza artificiale

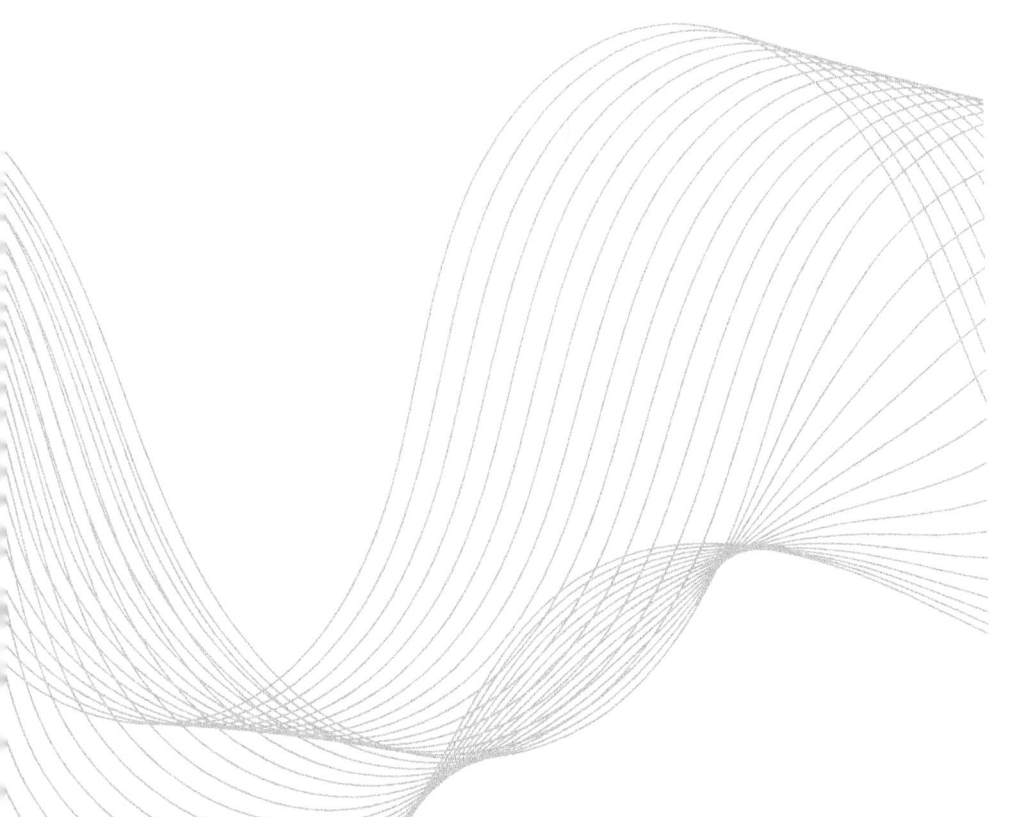

Risorse educative online

Materiali gratuiti e open-source

Oltre ai corsi a pagamento, esistono numerosi materiali gratuiti e open-source disponibili online. Molte università offrono risorse aperte e corsi completi, come ad esempio il famoso corso di **Machine Learning** di **Andrew Ng** su **Coursera**, che può essere seguito gratuitamente. Inoltre, molte aziende tecnologiche condividono documentazione dettagliata e tutorial sui loro strumenti di intelligenza artificiale, ad esempio **Google AI, OpenAI, e DeepMind.**

Alcuni blog tecnici, canali YouTube e community open-source forniscono guide pratiche, esempi di codice e tutorial passo-passo per iniziare a sviluppare progetti di intelligenza artificiale.

Come creare un piano di studio personalizzato

Per chi si avvicina all'intelligenza artificiale, è fondamentale costruire un piano di studio ben strutturato che rispecchi i propri obiettivi e livello di esperienza. Inizia con una base solida di matematica (algebra lineare, calcolo) e statistica, poi prosegui con i principali algoritmi utilizzati. Man mano che acquisisci fiducia, puoi specializzarti in aree come il deep learning, il natural language processing o la computer vision.

Un piano di studio personalizzato può includere una combinazione di corsi teorici e progetti pratici, per bilanciare la comprensione teorica con l'applicazione pratica.

Strumenti pratici per iniziare

Ambienti di sviluppo per il machine learning (TensorFlow, PyTorch)

Quando si inizia a sviluppare progetti di IA, è essenziale familiarizzare con gli ambienti di sviluppo più utilizzati. Due dei framework di machine learning più popolari sono **TensorFlow** (sviluppato da Google) e **PyTorch** (creato da Facebook). Entrambi sono open-source e ampiamente adottati nel mondo accademico e industriale.

- **TensorFlow:** Offre un'ampia gamma di strumenti per costruire, addestrare e distribuire modelli di machine learning su larga scala. Include anche **TensorFlow Lite** per il deploy su dispositivi mobili e **TensorFlow.js** per l'esecuzione su browser web.

- **PyTorch:** Preferito da molti ricercatori per la sua semplicità e flessibilità, è utilizzato per lo sviluppo rapido di prototipi e l'implementazione di modelli complessi come le reti neurali.

Entrambi i framework dispongono di una vasta comunità di sviluppatori e risorse educative, rendendoli ottimi punti di partenza per i principianti.

Software no-code e piattaforme intuitive

Per chi è meno esperto di programmazione, esistono strumenti no-code che consentono di creare modelli di intelligenza artificiale senza dover scrivere codici complessi. Alcune piattaforme popolari includono:

- **Teachable machine:** Una piattaforma di Google che permette di creare semplici modelli di machine learning per la classificazione di immagini, suoni e pose, senza bisogno di codice.

- **Lobe.ai:** Un altro strumento no-code che consente di creare modelli di IA utilizzando un'interfaccia drag-and-drop. È ideale per principianti che desiderano esplorare l'intelligenza artificiale senza affrontare subito la programmazione.

- **DataRobot:** Una piattaforma di automazione che permette di costruire, testare e distribuire modelli IA in modo efficiente, riducendo il tempo e la complessità dell'implementazione.

Sviluppare il primo progetto di IA passo dopo passo

Il miglior modo per imparare l'intelligenza artificiale è sviluppare progetti pratici. Un progetto semplice per iniziare potrebbe essere la classificazione delle immagini utilizzando un set di dati come **MNIST** o **CIFAR-10**, che sono comunemente usati per scopi educativi.

Passaggi per sviluppare il tuo primo progetto con l'intelligenza artificiale

- **Seleziona un problema:** Ad esempio, la classificazione di immagini o la previsione di dati.
- **Scegli un set di dati:** Usa dataset pubblici come quelli offerti da Kaggle.
- **Sviluppa un modello:** Usa framework come TensorFlow o PyTorch per addestrare il modello.
- **Valuta i risultati:** Analizza le performance del modello e fai eventuali miglioramenti.

Consigli per avviare una carriera nell'IA

Come costruire un portfolio di progetti

Un aspetto cruciale per chi cerca di entrare nel mondo dell'intelligenza artificiale è la costruzione di un portfolio che dimostri le proprie competenze pratiche. Il portfolio dovrebbe includere una varietà di progetti che mostrano la tua capacità di affrontare problemi diversi. Alcuni esempi di progetti da includere potrebbero essere:

- Classificazione di immagini con reti neurali.
- Modelli di previsione basati su dati finanziari.
- Algoritmi di NLP per analisi del sentiment sui social media.

Documenta ogni progetto in modo dettagliato, spiegando il problema affrontato, i metodi utilizzati e i risultati ottenuti. Un portfolio solido può fare la differenza quando si cercano opportunità di lavoro o collaborazioni.

Conclusioni

Abbracciare l'IA come parte della propria vita professionale

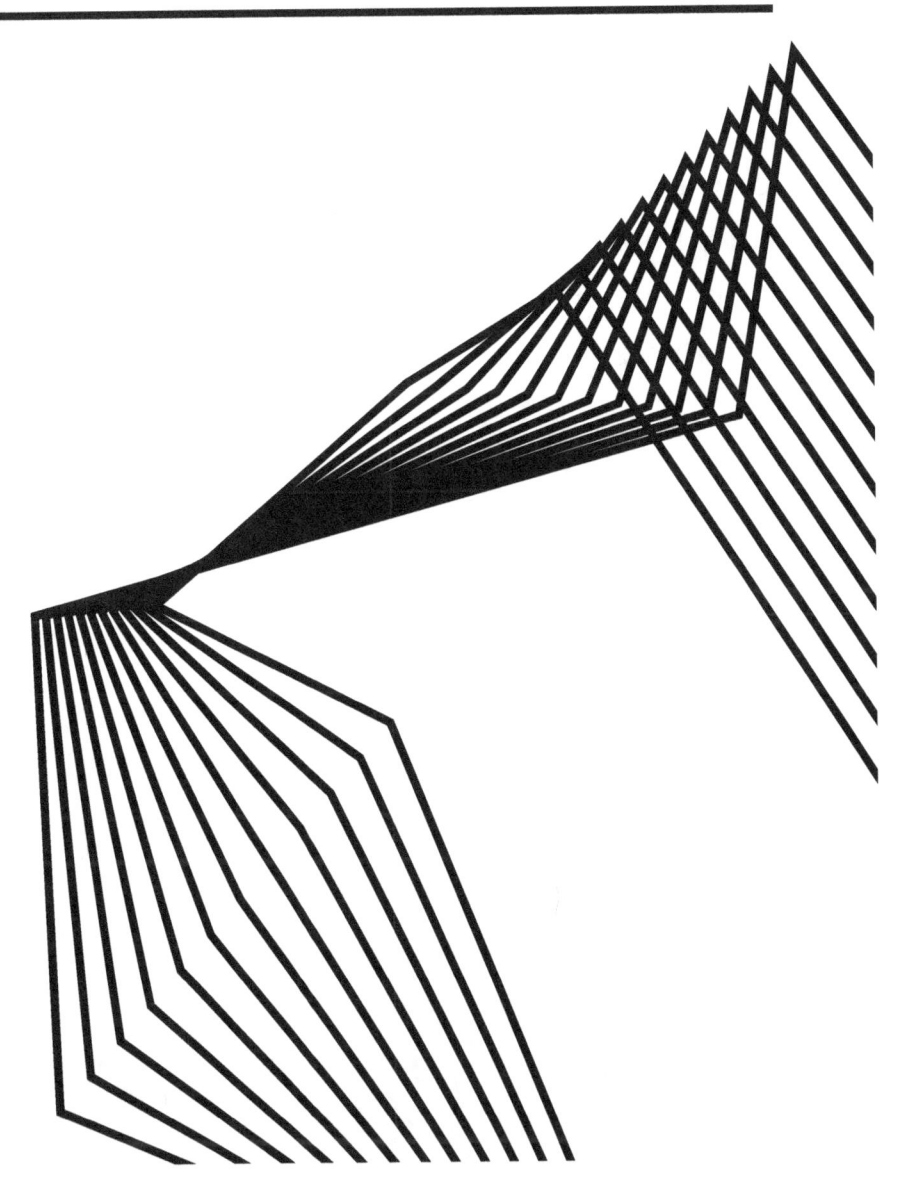

L'intelligenza artificiale ha ormai assunto un ruolo cruciale in numerosi settori, influenzando e trasformando profondamente il mondo del lavoro e la società. Questo eBook ha cercato di offrire una panoramica completa sulle principali applicazioni dell'IA, dalle opportunità straordinarie che offre nei campi del business, della sanità, della creatività, fino alle sfide etiche e lavorative che comporta. Ora che sei arrivato alla conclusione, è il momento di riflettere su come integrare l'intelligenza artificiale nel tuo percorso professionale e personale.

Recap delle opportunità e delle Sfide

L'intelligenza artificiale apre porte incredibili, ma pone anche sfide che non possiamo ignorare. Lungo questo viaggio attraverso i vari settori esplorati, è evidente che l'IA sta già giocando un ruolo centrale in aree come la diagnostica medica, la produzione creativa e l'analisi finanziaria. Tuttavia, ogni opportunità porta con sé un bisogno di attenzione e preparazione:

- **Opportunità:** Il potenziale dell'intelligenza artificiale è illimitato, dalla capacità di personalizzare il marketing aziendale con precisione chirurgica, fino all'uso di droni per ottimizzare la logistica urbana o al miglioramento della sicurezza stradale con veicoli autonomi. L'IA ci permette di migliorare l'efficienza, ridurre gli errori umani e creare nuove soluzioni.

- **Sfide:** Accanto a queste opportunità emergono sfide etiche, legali e lavorative, come il rischio di perdita di posti di lavoro, il divario digitale tra le diverse classi sociali e i pericoli della sorveglianza tramite algoritmi. Come professionisti, sarà essenziale affrontare queste questioni in modo consapevole, promuovendo soluzioni inclusive e sostenibili.

Prossimi passi per approfondire le Conoscenze

Ora che hai acquisito una comprensione delle potenzialità e dei limiti dell'intelligenza artificiale, quali sono i prossimi passi per integrare l'IA nella tua vita professionale?

- **Specializzarsi in un campo:** Se un ambito specifico dell'IA ha catturato la tua attenzione – ad esempio, il machine learning per il settore sanitario o l'automazione del marketing – investi tempo nell'approfondire le tue competenze in quell'area. Iscriviti a corsi avanzati, partecipa a conferenze di settore e rimani aggiornato sulle ultime innovazioni.

- **Sviluppare progetti pratici:** Teoria e pratica devono andare di pari passo. Cerca di applicare le tue conoscenze partecipando a progetti open-source, creando il tuo portfolio o contribuendo a iniziative di IA nelle aziende. Non c'è modo migliore per apprendere che attraverso l'esperienza diretta.

- **Network e collaborazioni:** L'IA è un campo multidisciplinare. Connettersi con professionisti esperti, partecipare a comunità di sviluppatori e creare network può aiutarti a scoprire nuove opportunità, ottenere feedback preziosi e crescere professionalmente.

L'importanza di continuare ad apprendere e adattarsi

In un mondo in continua evoluzione, l'apprendimento continuo è la chiave per restare competitivi. L'intelligenza artificiale e le tecnologie ad essa collegate si trasformano rapidamente, introducendo nuove tecniche, strumenti e metodologie. Essere statici in un mondo così dinamico significherebbe restare indietro.

Ecco alcune considerazioni finali per rimanere al passo con l'evoluzione:

- **Sii curioso**: Non fermarti mai alla superficie. Esplora nuovi ambiti dell'IA, anche quelli che sembrano distanti dal tuo campo di applicazione. La curiosità è il motore dell'innovazione.

- **Adattabilità:** Le tecnologie cambiano, e così anche le esigenze del mercato del lavoro. La tua capacità di adattarti ai cambiamenti tecnologici ti permetterà di mantenere un vantaggio competitivo. L'IA stessa può diventare il tuo alleato per migliorare la produttività e ottimizzare i tuoi processi lavorativi quotidiani.
- **Investi nel miglioramento personale:** Sviluppare competenze complementari come la gestione del tempo, il pensiero critico e la capacità di problem-solving potrà aiutarti a sfruttare al massimo il potenziale dell'IA nella tua carriera.

INDICE

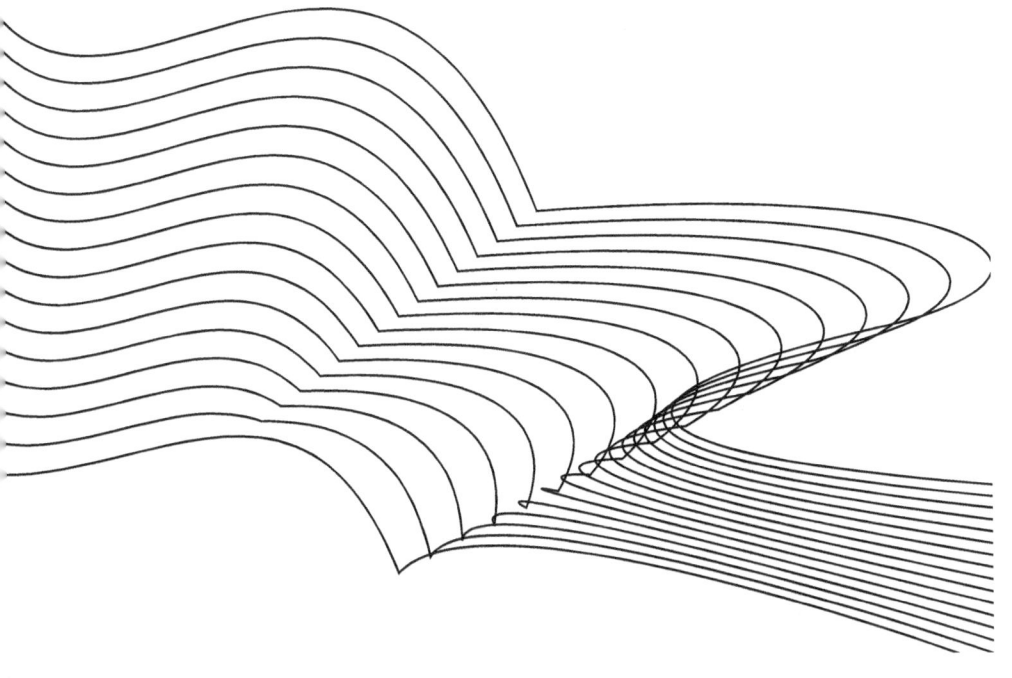

www.ingramcontent.com/pod-product-compliance
Lightning Source LLC
Chambersburg PA
CBHW070422240526
45472CB00020B/1151